Juan Manuel Soto Parra
Rosa María Yáñez Muñoz
Nubia Guadalupe Torres Beltrán

Efeito de molho de fruta de maçã

Juan Manuel Soto Parra
Rosa María Yáñez Muñoz
Nubia Guadalupe Torres Beltrán

Efeito de molho de fruta de maçã

em Soluções catiónicas na qualidade pós-colheita

Imprint
Any brand names and product names mentioned in this book are subject to trademark, brand or patent protection and are trademarks or registered trademarks of their respective holders. The use of brand names, product names, common names, trade names, product descriptions etc. even without a particular marking in this work is in no way to be construed to mean that such names may be regarded as unrestricted in respect of trademark and brand protection legislation and could thus be used by anyone.

Cover image: www.ingimage.com

This book is a translation from the original published under ISBN 978-613-9-40948-8.

Publisher:
Sciencia Scripts
is a trademark of
Dodo Books Indian Ocean Ltd. and OmniScriptum S.R.L publishing group

120 High Road, East Finchley, London, N2 9ED, United Kingdom
Str. Armeneasca 28/1, office 1, Chisinau MD-2012, Republic of Moldova, Europe
Printed at: see last page
ISBN: 978-620-7-88735-4

EFEITO DA IMERSÃO DE FRUTOS DE MAÇÃ EM SOLUÇÕES CATIÓNICAS NA QUALIDADE PÓS-COLHEITA

JUAN MANUEL SOTO PARRA ROSA MARIA YÂNEZ MUNOZ
NUBIA GUADALUPE TORRES BELTRÂN

"O sucesso não tem a ver com o quanto acumulamos para nós próprios, mas sim com o quanto acumulamos para nós próprios. o quanto yuec[es c[ar to {os c[emas"].

Norman 'Bor{augaug

ÍNDICE

INTRODUÇÃO 4

REVISÃO DA LITERATURA 6

MATERIAIS E MÉTODOS 19

RESULTADOS E DISCUSSÃO 25

CONCLUSÕES 38

LITERATURA CITADA 39

INTRODUÇÃO

Prolongar o período de conservação dos frutos é um dos maiores desafios para os produtores. A avaliação das maçãs pelos consumidores baseia-se na sua aparência (cor, tamanho, forma, ausência de defeitos) e depois na sua qualidade alimentar (Musacchi e Serra, 2018). Para preservar a qualidade, reduzir as perdas e prolongar o período de distribuição e consumo, as maçãs são submetidas ao armazenamento a frio, que tem como objetivo retardar o metabolismo do fruto após a colheita (Falcão, 2016).

Os elementos minerais, como os catiões, desempenham um papel específico nas culturas, por exemplo, no tempo de conservação. A presença de cálcio garante frutos com maior firmeza (Valdiviezo, 2018), além disso, a imersão de frutos em soluções de cálcio tem um efeito muito semelhante ao obtido com pulverizações, um tratamento que tem um efeito positivo no arrefecimento dos frutos (Monge, et al, 1994), enquanto, em frutos jovens, o potássio é indispensável para obter maior turgescência, necessária para a expansão celular (Leon, 2016). Por outro lado, o magnésio está envolvido na absorção, transformação e transporte de energia (Blackhall, et al, 2018), e o sódio contribui para a osmose (movimento da água para dentro e para fora das células vegetais) (Cortés, 2019).

As maçãs 'Golden Delicious', devido ao seu epicarpo com propriedades de cutícula fina e elevada presença de lenticelas, são sensíveis à perda de água e à murchidão em diferentes estádios de maturação, sendo mais susceptíveis no armazenamento a frio (Cepeda, et al, 2014).

Nesse sentido, é necessário melhorar a cadeia produtiva da maçã, pois um bom manejo pós-colheita gera uma redução na perda de frutos. Por esta razão, a presente investigação centra-se na contribuição de um novo esquema pós-colheita na região produtora de maçã, com o objetivo de implementar a aplicação e o equilíbrio de catiões como o potássio, o cálcio, o magnésio e o sódio em macieiras 'Golden Delicious' através da técnica de imersão de frutos.

REVISÃO DA LITERATURA

Informações gerais sobre Manzano

A história da maçã não é conhecida com certeza, de acordo com uma revisão de Tarrillo (2017) a espécie selvagem (malus sieversii (Ledeb) surgiu há mais de 15.000 anos em regiões da Ásia, domesticada por civilizações como gregos, romanos e egípcios, e somente no século XV foram plantadas as primeiras culturas na América (Morales, 1999). Castillo (2018) relatou que em Chihuahua a introdução da cultura foi a partir da colonização quando os evangelistas espanhóis chegaram à região, cultivando seus próprios pomares de frutas e ensinando aos colonos seu manejo, depois de muitos anos tornou-se uma cultura de importância econômica no estado.

A macieira (malus domestica) é uma árvore frutífera cultivada em todo o mundo, possui mais de 30 espécies e cerca de 1.000 variedades que se desenvolvem em climas temperados e frios (Posadas et al., 2018), é uma árvore de folha caduca (Jackson e Palmer, 1999), geralmente auto-estéril, por isso requer polinização cruzada com outras variedades compatíveis e a ajuda de insetos e vento. A fruta é composta pelo epicarpo (pele), o mesocarpo (polpa) e o endocarpo (núcleo) (Zaera, 2008), a maçã possui características de grande importância na nutrição humana devido à contribuição de compostos fenólicos e flavonóides, sendo antioxidantes com influência positiva, amplamente documentada, na saúde, principalmente quando consumidos frescos (Palomo et al., 2010).

Taxonomia

O nome científico da macieira é: Malus domestica

A sua classificação científica é apresentada no quadro 1.

Quadro 1 Classificação das macieiras

Reino Unido	Plantas
Divisão	Magnoliophyta
Encomendar	Roseiras
Família:	Rosáceas
Género:	Malus

(Barraquilla, 2005)

Existem várias variedades de maçã e, até à data, continuam a ser produzidas e trabalhadas novas variedades para melhorar o valor da fruta na indústria alimentar, como estratégia para enfrentar numerosos desafios, principalmente no que respeita ao material vegetal, à tecnologia de produção, à pós-colheita e ao desenvolvimento da marca (Arellano, 2021).

Fertilização

A nutrição da macieira é um fator determinante para a obtenção de uma produção de qualidade. O efeito positivo da adubação na fruta é influenciado pelo equilíbrio adequado dos elementos e pela forma como são aplicados, uma vez que seus excessos ou deficiências atuam diretamente na composição da fruta, afetando a colheita e a pós-colheita

(Ponce et al., 2020; Mancera et al., 2007).Os macro e microelementos na fruta da maçã têm uma função específica e direta na sua qualidade. No conteúdo nutricional da fruta, os principais minerais (macroelementos) necessários em grandes quantidades são: azoto (N), fósforo (P), potássio (K), cálcio (Ca) e magnésio (Mg), enquanto os microelementos necessários em pequenas quantidades são: zinco (Zn), ferro (Fe), cobre (Cu), boro (B) e manganês (Mn). Todos com o mesmo nível de importância (Gutiérrez et al., 2014). Para qualquer cultura é necessário realizar estudos físicos e químicos dos solos pelo menos por ano, em macieiras de acordo com Soto et al., (2007) deve-se considerar que as extracções para a colheita são geralmente 60 unidades de fertilizante N, para P estima-se 80 UF e para K 125 UF, fazendo aplicações de baixas doses de microelementos, para conseguir uma colheita de qualidade. Além disso, o Mg, juntamente com o K e o Ca, é um dos três catiões fundamentais da matéria viva, é necessário para o funcionamento das enzimas, para produzir

hidratos de carbono e açúcares utilizados nos frutos (Valdivezo, 2017). Quanto ao K e ao Mg, eles estão envolvidos no carregamento do floema e no transporte de açúcares dos órgãos de origem para os sumidouros, sua absorção pelas raízes e o transporte de Mg pelos brotos nas plantas são inibidos pelo aumento do suprimento de K, o que pode exercer efeitos prejudiciais na produtividade e na qualidade nutricional dos produtos colhidos, no entanto, existem efeitos inconsistentes do Mg na absorção e translocação de K, que dependem provavelmente das espécies vegetais e das taxas e proporções de aplicação de K e Mg no meio de crescimento, existem efeitos sinérgicos do Mg e do K na fotossíntese, no transporte e na atribuição de hidratos de carbono, no metabolismo do N e no equilíbrio osmótico celular. Para evitar a interação antagónica entre o K e o Mg e as suas consequências adversas no rendimento e na qualidade nutricional, deve ser dada especial atenção a uma nutrição equilibrada de K e Mg (Xie et al., 2021). Na maioria dos casos, quando a relação K/Mg fornecida às plantas é desequilibrada, a relação entre K e Mg é frequentemente antagónica nos órgãos de origem, mas sinérgica nos sumidouros (Koch et al., 2019).

Pós-colheita

O período de tempo entre a colheita da fruta e o seu consumo pode levar a perdas de qualidade devido a alterações físicas, químicas, enzimáticas ou microbiológicas e as consequências da perda de qualidade são perdas económicas (Kyanko et al., 2010).

A produção autocatalítica de etileno provoca várias alterações fisiológicas conhecidas como climatério, provocando um aumento da respiração do fruto e como consequência gera-se o amadurecimento organolético do fruto, este processo metabólico é dado graças a compostos como açúcares, amido e ácidos graxos, levando-os a uma degradação oxidativa, que resulta em moléculas mais simples, como dióxido de carbono (CO_2) e água (H_2O), também produz moléculas mais complexas que são usadas na fotossíntese, em todo esse processo a energia é liberada na forma de ATP (Candan e Calvo, 2017). No caso da maçã como fruto climatérico, tem como caraterística a produção de etileno; hormona do amadurecimento, sobre a qual foram desenvolvidos vários trabalhos de investigação e tecnologias para inibir a sua produção de forma a prolongar a vida comercial dos frutos, algumas destas estratégias podem ser mencionadas como: o uso de inibidores de etileno (1- MCP) (Trainotti et al., 2007), aplicação de radiação gama e ultravioleta, aplicação de revestimentos comestíveis (Fernandez et al, 2015), a utilização de embalagens plásticas, a utilização de películas (Tovar et al., 2011) e a fertilização dos frutos, como imersões em soluções nutritivas, a aplicação de atmosferas controladas com níveis muito baixos de oxigénio e câmaras de refrigeração, todos utilizados direta ou indiretamente para alterar a ação do etileno, uma vez que quanto maior for a taxa de respiração de um fruto, menor será o seu tempo de conservação, (Kumar et al., 2014).

O armazenamento a baixas temperaturas é o método mais eficaz para aumentar a vida útil dos frutos devido ao seu efeito no abrandamento da taxa de amadurecimento, aumentando o seu tempo de armazenamento, reduzindo as perdas e prolongando o período de distribuição e consumo (Candan e Calvo, 2017). No entanto, durante o armazenamento a frio, a firmeza da polpa diminui gradualmente, há uma certa perda de aromas, o teor de ácido e sacarose é reduzido, há perdas de peso devido à transpiração e, sob certas condições, aparecem fisiopatologias e podridões (Falcão, 2016), como, por exemplo, longos períodos de tempo, o uso inadequado de condições de atmosfera controlada no tipo de produto, levando a uma perda de qualidade. Outro parâmetro importante a ter em conta é a temperatura e a humidade elevadas, pois favorecem o crescimento de bolores superficiais e internos e a atividade de insectos infectantes (Gomila, 2016), o que leva a perdas significativas de qualidade e, portanto, económicas (Falcão, 2016).

Balanço de catiões

A absorção de nutrientes no solo está diretamente relacionada com a capacidade de troca catiónica e o número de valência do ião envolvido no processo. Alguns iões, como o K^+ e o NH_4^+, necessitam de um ião H^+ para a troca, enquanto o Ca^{2+} e o Mg^{2+} necessitam de dois. Um aspeto importante da troca catiónica é que os iões monovalentes são mais móveis do que os iões com um maior número de valências; além disso, os iões com diâmetros mais pequenos penetram melhor do que os iões maiores (Santos et al., 1999). Por outro lado, a absorção de catiões e aniões foliares, que devem penetrar na cutícula em quantidades equivalentes para manter a neutralidade eléctrica, é da maior importância, uma vez que a retenção de catiões é afetada por vários factores. Para que os sais inorgânicos penetrem sem problemas, é necessária a dissolução do sal, que é determinada pelo ponto de deliquescência (PDD). Quando a humidade é inferior ao PDD, o sal permanece no estado sólido e não consegue penetrar na cutícula, como é o caso do KNO_3 e dos sais que contêm fósforo, que são muito menos favorecidos, e, pelo contrário, se o PDD for superior, pode dissolver-se e penetrar facilmente, por exemplo: $CaCl_2$ (33 %), $MgCl_2$ (33 %), K_2CO_3 (44 %), $Ca(NO)_{32}$ (56 %) e $Mg(NO)_{32}$ (56 %) são sais susceptíveis de penetrar na cutícula (Sanchez e Curetti, 2021).

Segundo Ruales (2019) um catião é um ião com carga eléctrica positiva, ou seja, perdeu electrões, neste caso, o Magnésio (Mg), o Potássio (K), o Cálcio (Ca) e o Sódio (Na), pertencem à classificação de catiões, suportando a planta em:

• Função fotossintética eficiente.

• Translocadores de nutrientes.

• Estão envolvidos na translocação em energia e substâncias de construção.

• Reforçam as estruturas celulares.

Por exemplo, o equilíbrio correto de catiões pode contribuir para manter a qualidade das maçãs, como Pavicié (1993) observou que o K como elemento individual também pode afetar a ocorrência de bitter pit nas maçãs. No entanto, a interação de elementos como K/Ca e Na/Ca, P/Ca e Mg/Ca, mostrou uma relação mais estreita com o bitter pit do que os mesmos elementos aplicados individualmente (Ben, 1998). Acredita-se que frutos de alta qualidade tendem a conter uma alta proporção de K e Ca e uma baixa quantidade de Cu, Zn e Mn. Além disso, a ocorrência de bitter pit está intimamente relacionada com a quantidade de Ca e outros elementos minerais (Liu e Han, 1997). Ferguson e Watkins (2003) observaram que a concentração e a distribuição de Ca, Mg e K em maçãs tratadas com pulverizações de Ca durante a estação de crescimento e em frutos armazenados após a infiltração de vácuo pós-colheita, mostraram concentrações mais elevadas de cada catião na pele e no núcleo e concentrações mais baixas na casca exterior. As pulverizações de Ca aumentaram os níveis de Ca em cada segmento de tecido, enquanto os níveis de K foram mais baixos nos frutos pulverizados com Ca, mas os efeitos sobre o Mg foram variáveis e as concentrações de todos os 3 catiões na casca exterior aumentaram durante o armazenamento.

Potássio

O potássio (K) é um elemento essencial muito procurado pelas culturas para o seu crescimento e desenvolvimento normais. Algumas das principais funções do potássio nas plantas são direcionadas para a osmorregulação, síntese de amido, ativação enzimática, síntese de proteínas, movimento estomático, equilíbrio de carga iónica (Hernandez, 2010), numerosos processos bioquímicos e fisiológicos vitais para o crescimento, rendimento, qualidade (Lester et al., 2010), resistência a condições adversas, como frio ou doença, também responsável pela translocação de nutrientes e fotossintatos recém-crescidos para pontos de diferenciação e contribui para a frutificação (FAO, 2010). No caso da qualidade dos frutos, o K destaca-se como o catião que tem maior influência nos parâmetros organolépticos, como a síntese de polifenóis responsáveis pela cor e aroma do fruto, que determina a comercialização do fruto, e também, através da sua mobilidade no floema e xilema, ajuda no transporte de solutos e na participação de assimilados, qualidades preferidas pelo consumidor, pois fornece fitonutrientes de vital importância para a saúde humana (Lester et al., 2010; Tagliavini, 2015). Por exemplo, até 50% do total de K absorvido pelas videiras acumula-se nas bagas, as suas funções no fruto estão relacionadas com reacções de síntese e ativação enzimática, contribuindo diretamente para o amadurecimento do fruto, síntese de açúcares e manutenção do turgor celular. Nos pomares de macieiras maduras e altamente produtivas, o K é muitas vezes o nutriente mais procurado. De facto, a maçã é um forte sumidouro de K e contém normalmente quantidades significativas deste elemento, com concentrações que variam entre 0,55 e 0,80 mg/kg^{-1} peso fresco do fruto

(PF) (Zavalloni et al., 2001). A necessidade ideal de K varia de 2 a 5% da matéria seca da planta, seja em partes vegetativas, frutos ou tubérculos (Lopez, 2005). Aguilar et al., (2012), indicam que a aplicação de doses mais elevadas de K evita a perda de peso e água durante o armazenamento pós-colheita. O K foliar nem sempre está relacionado com o rendimento (Boonterm et al., 2010) porque as plantas, em geral, absorvem mais K do que as suas necessidades metabólicas e acumulam-no nos organelos celulares em consumo de luxo. De acordo com a revisão de Kant e Kafkafi (2018) observa-se que, se há uma alta produção de frutos ou alto rendimento de grãos, há um maior consumo de K das folhas, caules e até mesmo raízes, razão pela qual quando há uma demanda de K de frutos, tubérculos ou espigas, a absorção do nutriente é dada pelo solo e outros órgãos da planta. Podem ser necessárias concentrações elevadas de K durante as primeiras fases de crescimento para obter rendimentos máximos, com frutos de tamanho adequado e com a qualidade interna óptima exigida pelos mercados.

Magnésio

No caso do magnésio, é considerado indispensável nos processos de formação de hidratos de carbono, óleos e gorduras, é essencial para o funcionamento de várias enzimas como as ATPases, RNA polimerases, proteínas quinases, fosfatases, glutationa sintetase e carboxilases, ajuda a manter a homeostase, uma vez que as enzimas dos cloroplastos são afectadas por pequenas variações dos níveis de magnésio nos cloroplastos, e é essencial para o funcionamento de várias enzimas, como as ATPases, as RNA polimerases, as proteínas quinases, as fosfatases, a glutationa sintetase e as carboxilases. A sua presença no citosol e no cloroplasto (Santos et al., 1999), a sua importância no crescimento e desenvolvimento das plantas, o mecanismo molecular nas células vegetais que regulam a homeostase e a relação com o transporte dentro da planta, são pouco conhecidos (Guo, 2016). Além disso, o Mg presente no vacúolo é importante para manter o equilíbrio catião-anião e regular o turgor celular (Martinoia et al., 2000). Na folha, 75% do conteúdo de Mg está envolvido na síntese de proteínas e 15-20% do total está associado aos pigmentos de clorofila (White e Broadley, 2009). Por esta razão, este nutriente é necessário para o bom funcionamento das numerosas actividades celulares relacionadas com a síntese da clorofila, uma vez que é o principal componente desta molécula, intervindo como cofator de uma série de enzimas envolvidas no metabolismo e na fixação do carbono fotossintético, bem como participando na manutenção da estabilidade da membrana (Hermans et al, 2013). Relativamente à qualidade dos frutos, Lôpez et al. (2003) observaram que a aplicação de Mg em ameixas provoca um aumento da firmeza dos frutos, mas apesar disso, não existem evidências claras sobre o papel deste elemento na indução do aumento da firmeza.

Cálcio

O cálcio favorece a divisão celular, estimula os processos hormonais e enzimáticos, aumenta a velocidade de desenvolvimento das raízes, pode reduzir a germinação, a esporulação e o crescimento de agentes patogénicos, estabiliza e assegura a permeabilidade das paredes celulares, protegendo o fruto da degradação, razão pela qual determina a sua dureza e consistência (Saure, 1996; Garate, 2014), além disso, a resistência do fruto está relacionada com a formação de pectato de cálcio na membrana celular (Ramfrez et al., 2005).

De acordo com Barros (2016), a gestão adequada do Ca atrasa o amadurecimento e melhora as qualidades de armazenamento, pois os tratamentos com Ca também são usados para aumentar a vida pós-colheita de uma ampla gama de frutas e vegetais, incluindo: maçã, morango, melão, pera, pêssego, tomate, manga e laranja (Valdivezo, 2017). Galvis et al. (2003) descobriram que o tratamento direto pós-colheita de frutas com soluções de $CaCl_2$ pode ser ainda mais eficaz do que a infiltração sob pressão e pode aumentar as concentrações de Ca das maçãs ainda mais do que a infiltração a vácuo, esses métodos de tratamento pré e pós-colheita têm problemas inerentes, como a absorção inadequada de nutrientes é um problema em alguns casos, porque a fruta ingere um excesso e ocorre lesão, ou, por outro lado, não é aplicado o suficiente para ter um efeito positivo, de acordo com Porro et al. (2006) com base numa revisão de numerosos estudos sobre factores de deficiência de Ca, concluíram que este fenómeno é o resultado da falha de processos complexos vitais para a planta levando a distúrbios fisiológicos no fruto. Freitas e Mitcham (2012) verificaram que o papel fundamental na formação da desordem fisiológica do bitter pit pode ser desempenhado pela translocação de Ca do pedúnculo para a parte do cálice do fruto, um processo que depende da capacidade de ligação dos iões Ca^{2+} no tecido terminal da parede celular do pedúnculo do fruto, do número de tubos de xilema funcionais através dos quais o Ca^{2+} viaja para o cálice e do gradiente de concentração hidrostática necessário. Com base no exposto, Joubert et al. (2008) citaram que a incidência de bitter pit foi reduzida para metade quando maçãs 'Cox's Orange Pippin' foram imersas imediatamente após a colheita em 0,25 mg $CaCl_2$, enquanto Biskup et al. (2003) relataram que em frutos pulverizados com 3% de fertilizante CaO, a menor percentagem de bitter pit foi observada (12%), enquanto a maior percentagem foi registada em frutos não tratados (39,64%). Outra desordem fisiológica popular na macieira, é o caroço aguado, que é originado pela nutrição inadequada das árvores, especialmente no que diz respeito ao Ca e à presença de dias quentes alternados com noites frias, a intensidade desta desordem é diminuída na sua severidade se o Ca estiver presente no fruto em quantidades suficientemente elevadas (Lopez, 2005), é necessário considerar que o estado mineral do Ca pode envolver outros elementos, especialmente K, P e B, (Mancera et al...), 2007), razão pela qual é importante gerir adequadamente o pomar para otimizar a absorção de Ca pelos frutos no ambiente pré-colheita, a fim de evitar perdas por falta de nutrientes Ramfrez et al, (2005). Para conseguir um aumento de Ca nos frutos, pode ser implementada a aplicação foliar de sais durante a estação de crescimento (Porro et al., 2006), por exemplo, em maçãs 'Delicious', o aspeto dos frutos e, em menor grau, a área da pele vermelha, o controlo do escurecimento interno, a firmeza dos frutos e, em menor grau, a acidez, foram melhorados com pulverizações foliares de Ca (Ramfrez et al, 2005), neste caso a absorção de Ca e a sua distribuição aos diferentes órgãos aumenta à medida que a taxa de transpiração aumenta e, pelo contrário, a inibição desta transpiração diminui a translocação, especialmente para os rebentos apicais e frutos, embora também o possa fazer para o resto da planta (Armstrong e Kirkby, 1979).

Sódio

O sódio é móvel dentro da planta e, em comparação com outros nutrientes, como o potássio e o magnésio, tem um significado secundário na nutrição das plantas, uma vez que contribui para o metabolismo das plantas, a fotossíntese e a osmose (movimento da água para dentro e para fora das células vegetais) (Cortés, 2019).

MATERIAIS E MÉTODOS

O trabalho de investigação foi realizado no ciclo 2020. Foi realizado no pomar e armazém frigorífico "La Campana", com a variedade 'Golden Delicious' propriedade de Abram Olfert, localizado no campo menonita número 22 no município de Cuauhtémoc, Chihuahua, México, com uma altitude média de 2048 metros acima do nível do mar, latitude norte 28°26'17.5" e longitude oeste 106°53'40.3". As análises de acabamento e de qualidade dos frutos foram efectuadas no laboratório de solos da Facultad de Ciencias Agrotecnológicas da Universidad Autónoma de Chihuahua.

Conceção experimental

Experiência fatorial completamente aleatória com quatro factores em quatro níveis cada. Limitado a 16 tratamentos gerados utilizando o esquema experimental L16 de Taguchi. Uma superfície de resposta linear e quadrática foi estimada por regressão de mínimos quadrados utilizando o pacote estatístico SAS (SAS Institute Inc., SAS/STAT Software: Usage and Reference, Version 6, First Edition, Cary, NC: SAS Institute Inc., 1989). Foi utilizado um arranjo fatorial de 4 concentrações e 4 factores (quadro 2). A experiência foi limitada a 16 tratamentos na estrutura L16 de Taguchi (quadro 3) com quatro repetições.

Tabela 2. Factores e níveis de aplicação da estrutura L16 de Taguchi.

Níveis	Factores mM			
	K	Ca	Mg	Na
0.0	0.00	0.00	0.00	0.000
0.5	3.00	7.50	0.40	0.025
5.0	15.00	37.50	2.00	0.125
10.0	30.00	75.00	4.00	0.250
Média simples	15.00	37.50	2.00	0.125
Solução superior a mM	100.00		5.00	0.25

A colheita foi efectuada em 20 de agosto. Para a seleção dos frutos de maçã "GD" aquando da colheita, foram tomadas precauções especiais no campo para obter 10 frutos de qualidade comercial por tratamento, sem danos físicos ou doenças visíveis. Para cada tratamento, foram adicionados 5 L de água a um recipiente de 20 L, foram adicionadas as quantidades de solução-mãe indicadas no quadro 3 e a solução foi completada até 10 L por adição de água e agitação. Os frutos foram imersos e agitados manualmente durante 10 minutos. Após este período, foram retirados e deixados à temperatura ambiente durante 10 minutos para escoar o excesso de água. Em seguida, foram colocados em sacos plásticos perfurados, em grupos para cada tratamento, para serem armazenados em atmosfera controlada por um período de 7 meses. No final do processo Após o armazenamento, os frutos foram levados para o laboratório e mantidos à temperatura ambiente para simular o tempo de prateleira. Cinco maçãs por tratamento foram avaliadas quanto ao peso, cor, firmeza, sólidos solúveis totais (SST), acidez titulável (AT) e relação açúcar-acidez. Os restantes frutos foram utilizados para determinar os compostos biológicos: fenóis totais (FT) e capacidade antioxidante (CA).

Tabela 3. Tratamentos formados na estrutura L16 de Taguchi, aplicação de mL de solução estoque, para molhos de maçã

Tratado	K	Ca	Mg	Na
1	0.00	0.00	0.00	0.000
2	0.00	7.50	0.40	0.025
3	0.00	37.50	2.00	0.125
4	0.00	75.00	4.00	0.250
5	3.00	0.00	0.40	0.125
6	3.00	7.50	0.00	0.250
7	3.00	37.50	4.00	0.000
8	3.00	75.00	2.00	0.025
9	15.00	0.00	2.00	0.250
10	15.00	7.50	4.00	0.125
11	15.00	37.50	0.00	0.025
12	15.00	75.00	0.40	0.000
13	30.00	0.00	4.00	0.025
14	30.00	7.50	2.00	0.000
15	30.00	37.50	0.40	0.250
16	30.00	75.00	0.00	0.125

Cada tratamento foi diluído volumetricamente em 10 L.

Variáveis de resposta da qualidade dos frutos

As seguintes variáveis de resposta foram tidas em conta para avaliar a eficácia dos tratamentos:

Final de fruta

•Peso do fruto. O peso foi determinado com uma balança digital Ohaus ScoutTM Pro de 0 a 500,00 g.

•Cor. Foram efectuadas duas medições de cor por fruto (lados intermédios em termos de cor) utilizando a escala de cor desenvolvida para a 'Golden Delicious' por Soto et al, (2001) em seis categorias 1) verde; 2) início da formação de estrias vermelhas; 3) estrias uniformes de cor vermelha opaca; 4) estrias de cor vermelha escura evidente; 5) estrias menos uniformes, início de cor vermelha escura; e 6) vermelho escuro completo, para tornar a escala mais objetiva a cor foi expressa em percentagem.

Qualidade dos frutos

•Firmeza. A firmeza da polpa dos frutos foi determinada com um penetrómetro (modelo Effe-Gi 327, 0-28 lb in2), tendo sido efectuadas duas leituras para cada fruto nos lados onde se mediu a cor e obtida a média individual.

•Sólidos solúveis totais (SST). O extrato foi obtido a partir de dois segmentos de cada fruto, utilizando um refratómetro (Atago 0 – 32 °Brix) previamente calibrado com água destilada.

•Acidez titulável. Titulou-se 10 mL do extrato do sumo, 6 gotas do indicador fenolftalefina (adicionaram-se 0,5 g de fenolftalefina mais 70 mL de álcool etílico e completou-se a 100 mL com água destilada), titulou-se com uma solução de NaOH 0,1 N (2,15 g de NaOH com 97 % de pureza, completou-se a 500 mL) até obter uma coloração vermelho-rosado-púrpura tijolo; o volume utilizado foi convertido em ácido málico através da expressão: % ácido málico = ((((0,1* ml) / 10) * 67) / 10).

•Rácio açúcar/acidez. É expresso em partes de açúcar para uma parte de ácido málico (TSS/acidez titulável).

Compostos bioactivos

•Fenóis totais. Foram determinados de acordo com a técnica de Singleton e Rossi (1965), com ligeiras modificações, utilizando o ácido gálico como padrão. Uma quantidade de 2 g de polpa de maçã foi triturada e extraída com 20 ml de metanol a 80%. Num tubo de ensaio, colocaram-se 750 µl de sódio a 2%, 250 µl de Folin-Ciocalteau a 50%,

1375 µl de água destilada e 250 µl do extrato de polpa. Agita-se e deixa-se reagir durante 60 minutos no escuro à temperatura ambiente. A absorvância foi medida a 725 nm num espetrofotómetro visível DR 5000 Hach. Os resultados foram expressos em g de ácido gálico por g de peso fresco (g AG g^{-1}). Foi traçada uma curva de calibração. A linearidade foi determinada entre 0,5 e 2,0 mg ml^{-1} , utilizando um padrão de ácido gálico de grau de reagente de elevada pureza; a calibração foi efectuada em triplicado, sendo o valor da equação de 6,2228x - 0,0107, com um r^2 de 0,9804.

• Capacidade antioxidante. Foi determinada de acordo com a metodologia de Brand-Williams et al. (1995), com ligeiras modificações. Adicionaram-se 2,8 ml de uma solução de DPPH 0,1 mM recentemente preparada (3,94 mg de DPPH em 100 ml de metanol a 80 %) a um tubo de ensaio, adicionaram-se 0,2 ml do sobrenadante do homogenato utilizado para a determinação dos fenóis totais, agitou-se em vórtice e deixou-se reagir durante 60 minutos no escuro à temperatura ambiente. A absorvância foi medida a 517 nm, utilizando um espetrofotómetro visível DR 5000 Hach. Como branco, o extrato foi substituído por metanol a 80% e foi traçada uma curva de capacidade. A linearidade foi determinada entre 0 e 600 M utilizando Trolox de grau de reagente de elevada pureza como padrão, tendo a calibração sido efectuada em triplicado. A equação apresentou um valor de 0,0008x + 0,6984 com um r^2 de 0,9855. As análises foram efectuadas em triplicado. Os resultados foram expressos em mg Trolox g^{-1} peso fresco.

Análise estatística

Os dados obtidos são submetidos a uma análise estatística por superfície de resposta linear e quadrática para avaliar as variáveis significativas. A análise de cada variável resposta compreendeu três etapas: 1) análise da regressão e da contribuição de cada fator para o ajuste da regressão; 2) análise canónica da superfície de resposta para determinar a forma da curva para os factores que tiveram respostas lineares, quadráticas e de interação significativas; e 3) os valores de cada fator que teve respostas lineares, quadráticas e de interação significativas. Os valores previstos dependem de se ter selecionado a resposta mínima ou máxima de acordo com o intervalo original dos dados (Figueroa G, 2003). O comportamento de todas as variáveis de resposta foi resumido numa tabela onde foram especificados os factores e a média simples para cada um deles. Os valores próprios resultantes, expressos em percentagem da média, são considerados positivos ou negativos, consoante o caso. A contribuição dos vectores próprios foi expressa com sinais arredondados, de modo que 0,3750 :: ++ :: 0,6249, 0,6250 :: +++ :: 0,8749, ++++ >O mesmo procedimento foi aplicado aos valores próprios negativos. Desta forma, os factores foram ponderados para determinar quais os que têm maior influência em cada variável.

RESULTADOS E DISCUSSÃO

Os dados obtidos na avaliação físico-química dos frutos estão apresentados na Tabela 4, onde se observa que a imersão dos frutos em soluções de cátions tem resposta positiva em relação à análise da superfície de resposta, pois os fatores A (K), B (Ca) e D (Mg) estão acima do valor da frequência total de autovetores que é 20, sendo A= 43, B= 41 e D=45, enquanto o fator E (sódio)= 12, está abaixo da seleção. Portanto, os elementos potássio, cálcio e magnésio apresentam influência no experimento. Para a análise canônica de imersão dos frutos, foram selecionados os autovetores com valor igual ou maior que a variável (12,5% da soma da frequência positiva), que foi=14, sendo todos eles selecionados: cor= 22, peso e firmeza= 19, sólidos solúveis totais, acidez titulável e relação açúcar acidez= 17, teor de fenóis= 16 e capacidade antioxidante= 14, mostrando que todas as variáveis são consideradas para uma resposta positiva do experimento. Para a variável peso, obteve-se uma média de 135,4 g, enquanto Mancera et al. (2007) relataram uma média de 171,1 g para maçãs 'Golden Delicious', o que não condiz com nossos resultados. Na variável cor, Ornelas et al. (2018) compararam maçãs 'Golden Delicious' com diferentes colheitas após a floração (DDF) e determinaram que em 122 DDF a cor é mantida com um valor de 60,6 %, em comparação com este trabalho houve uma diminuição de 5,3%, um valor muito baixo. considerando que a fruta foi submetida a um longo período de armazenamento. No caso da firmeza, Calvo (2002), realizou uma experiência pós-colheita em maçãs Red Delicious com aplicações de 1-Metilciclopropeno (1-MCP), um inibidor da ação do etileno, onde relata uma média de 7,2lb/in² para a firmeza, enquanto que neste trabalho a média foi de 9,8lb/in² , além disso, também relatou uma média de 10,8°B para o TSS, o tratamento à base de catiões relatou uma média de 14,3 Brix, no entanto, Flores (2018) relata 13,7 °Brix em maçãs tratadas com carbonato de cálcio foliar na colheita, o que é muito semelhante aos frutos tratados na pós-colheita deste trabalho. Em maçãs amarelas e verdes, o teor de SST deve ser superior a 12 % (NMX-FF-061-2003), o que também concorda com o nosso resultado. Sabe-se que a AT é dada pelos ácidos orgânicos presentes nas maçãs, sendo o ácido málico o mais importante nas maçãs, embora também se encontrem outros como o ácido succínico. Quando os valores de AT são baixos durante a maturação, isso deve-se à degradação dos ácidos orgânicos em açúcares, diminuindo o teor de acidez. Neste trabalho, é relatado 0,59%, enquanto Corona et al. (2020), relataram 0,37% de ácido málico em maçãs 'Golden Delicious' na pós-colheita, portanto, este trabalho teve menor degradação de ácidos orgânicos.Para a variável de relação açúcar-acidez, Oviedo et al, (2021), relataram em seu experimento de imersão com ácido salicflico e nutrientes uma média de 35.79, enquanto neste trabalho relataram uma média de 24,38, neste caso, este parâmetro, fornece o índice de maturidade, na romã é comumente usado para definir o "sabor" da fruta durante o desenvolvimento, além disso, a relação açúcar-acidez aumenta à medida que a fruta amadurece (Torres et al., 2022).

Por outro lado, de acordo com Asale et al, (2021), os compostos fenólicos são geralmente considerados como uma fonte antioxidante muito importante nos frutos. No seu trabalho, o teor de fenóis totais na determinação de extractos de frutos de maçã 'Golden Delicious' utilizando o reagente Folin-Ciocalteu foi expresso em miligramas de equivalentes de ácido gálico por grama (mg GGE g^{-1}), obtendo-se um valor de 71,88 mg GGE g^{-1} p.f., enquanto que, Oviedo et al, (2021) reportam 480,14 g AG g^{-1} p.f., resultados mais semelhantes aos nossos, uma vez que foram obtidos 525,9 g AG g^{-1} p.f., as variações podem dever-se aos diferentes métodos de extração e obtenção de fenóis. No caso da capacidade antioxidante, a média que obtivemos foi de 3,5 mg Trolox g^{-1} p.f., Kupaeva e Kotenkova (2019), analisaram maçãs Simirenko onde relataram 5,41 µmol equiv. Trolox /gr, dados muito diferentes dos nossos, tanto pela variedade quanto pela metodologia utilizada, por outro lado, Oviedo et al, (2021), relatam 3,05 mg Trolox g^{-1} de p.f., dados que são semelhantes aos nossos, dados que são semelhantes aos nossos, dados que são semelhantes aos nossos, dados que são semelhantes aos nossos, mas ainda abaixo dos relatados neste trabalho.Javaga (2019) realizou um experimento com diferentes formulações de álcool polivinílico e amido de batata para gerar revestimentos, a fim de demonstrar sua eficácia no armazenamento pós-colheita de maçãs da variedade 'Golden Delicious', onde foi determinado que eles não tinham efeito notável sobre a fisiologia metabólica da maçã ou sobre as propriedades mecânicas da fruta, provavelmente devido à sua baixa viscosidade, que resultou numa baixa densidade superficial dos revestimentos utilizados, descartando revestimentos deste tipo para tratar frutos pós-colheita e implementando o uso de imersões para prolongar o tempo de conservação, este trabalho mostra-nos a importância dos catiões, resultando com maior relevância do $MgSO_4$ [1.0] > K_2SO_4 [1.0] > Ca [6.2] kg 1000 L água^{-1}. Observando que a aplicação exógena de $CaCl_2$ tende a diminuir a permeabilidade das membranas celulares e consequentemente reduz a absorção de água, o que contribui para o aumento da firmeza dos frutos e prolonga o seu tempo de conservação, isto uma vez que se encontram sob condições de refrigeração (Raffo, 2000), por sua vez, Guerra et al. (2011) realizaram pulverizações com carbonato de cálcio, para avaliar o efeito na qualidade pós-colheita em maçãs Reinette de Canada' (RC) e 'Reinette Grise de Canada' (RG), observando uma maior incidência de bitter pit em 'RC' do que em 'RG', devido à relação K/Ca, portanto, o carbonato de cálcio seria um produto útil para diminuir a incidência de bitter pit, mas neste caso os resultados podem diferir consoante a variedade de maçã, uma vez que no nosso estudo não houve incidência de bitter pit, no entanto, Joubert et al, (2008) utilizaram nitrato de cálcio ($Ca(NO_3)$), começando em três variedades diferentes. em três variedades diferentes, em diferentes fases de crescimento dos frutos da 'Golden Delicious' (precoce, média e tardia). As aplicações tardias de $Ca(NO_3)$ (80 dias após a plena floração (ddfb)) aumentaram o teor de Ca dos frutos na colheita mais do que as aplicações precoces (seis ddfb) e médias (40 ddfb), gerando uma tendência para o aumento do bitter pit das aplicações precoces para as tardias de $Ca(NO_3)$, demonstrando que as aplicações de cálcio são necessárias na variedade 'Golden Delicious' devido à sua suscetibilidade ao bitter pit e se for na fase tardia de maturação do fruto, tem uma elevada influência na qualidade do fruto. Também a interação entre os catiões e a sua aplicação na colheita pode ser um fator importante para evitar distúrbios fisiológicos e melhorar o tempo de conservação. Nesse sentido, Krishkov (2007) citou que o grau de aparecimento de bitter pit está associado à concentração de K e Mg, independentemente do teor de Ca, e Almeselmani et al. (2010) sugerem que uma adição de K na fertilização de plantas de tomate pode ajudar a preservar os frutos durante o armazenamento pós-colheita, neste sentido, é mostrado que a imersão de frutos de maçã em soluções de K^+ melhora a vida útil dos frutos, Isto está de acordo com o trabalho de Shen, et al (2019), onde as aplicações foliares de K e seu efeito antagônico com Mg e Ca em pereiras, mostraram que a interação que foi afetada foi a do Mg, pois as concentrações eram baixas nas folhas, No entanto, as concentrações de K, Ca e Mg nos frutos aumentaram, a partir daí percebemos que a interação destes elementos nos frutos não gera antagonismo desde que seja aplicada de forma equilibrada, comparando com a nossa experiência pode observar-se que a utilização destes elementos em imersão teve uma influência positiva, talvez pela sinergia que se gera no fruto e que ajudou à conservação em atmosfera controlada. No caso do Mg, foi descrito que a aplicação foliar deste nutriente em pêssegos e nectarinas produz um aumento da firmeza na colheita, mas este efeito não persiste durante a pós-colheita (Serrano et al., 2004), pelo que a sua eficácia nesta experiência pode ser atribuída às diferentes combinações com os outros catiões e à cultura. Por exemplo, um estudo de pós-colheita de maçãs Anna mergulhadas em $MgCl_2$ e $CaCl_2$ isoladamente ou em combinações forneceu evidências de que $CaCl_2$ combinado com $MgCl_2$ tem a maior firmeza de frutos de maçã, além disso, os maiores valores de SST foram encontrados em frutos tratados com $CaSO_4$ e $MgSO_4$ em comparação com frutos não tratados (Kiram, 2012), de acordo com este trabalho, a combinação de catiões Mg, K e Ca ajudam a manter a firmeza e o teor de SST da fruta.

De acordo com Monge et al, (1994) a imersão dos frutos de maçã durante 10 minutos numa solução de 0,125 mg/l de $CaCl_2$ parece ser mais aconselhável do que $Ca(NO)_{32}$, devido ao risco de resíduos de iões nitrato permanecerem nas maçãs, e melhora a qualidade dos frutos. Este facto corrobora o nosso trabalho, uma vez que as aplicações de $CaSO_4$ (6 kg/1000 L de água) melhoraram notavelmente o aspeto dos frutos tratados em pós-colheita da mesma forma. Por outro lado, Conway e Sams (1995) testaram a técnica de infiltração por vácuo ou sob pressão com diferentes soluções de $CaCl_2$ em maçãs 'Golden Delicious', concluindo que o tratamento ideal era a infiltração sob pressão com uma solução a 4%, mas este método pode causar problemas em maçãs com lesões, uma vez que a solução pode penetrar no núcleo do fruto e causar apodrecimento, estas técnicas são mais dispendiosas e arriscadas em comparação com a aplicação de soluções catiónicas diretamente no fruto.

Quadro 4. Correlação canónica para maçãs 'Golden Delicious' pós-colheita 2020. época de colheita

Factores / media simple (L 1000 L⁻¹ agua)						
	K_2SO_4 (A)	Ca (B)	$MgSO_4$ (D)	NaCl (E)		
Eigenvalores[U]	**2.8[T]**	**7.5**	**0.8**	**9.3**	Eigenvectores	
Peso de fruto (µ 135.4; 95.0 – 140.0 g)[W] C[V]					Subtotal	+ / -
166.1(143.0)	-3(+2)[V]	(-3)	+3(+2)		13	7/6
-62.1	+2	+2	+2		6	6/0
|Frec.|/ resp.	7 C	5 C, A	7 C, B		19[V]	13/6
Dosis	4.0	4.0	0.2	9.3	Selección= 3	
Color (µ 55.3; 46.0 – 60.0%) C. P						
44.3(32.9)	+3(-3)	+3(+2)	-3(+2)		16	10/6
-16.8	+2	+2	+2		6	6/0
	5	7 **	7 **		22	16/6
	2.0	1.0	1.0	8.0	Selección= 3	
Firmeza (µ 9.8; 9.0 – 12.5 lb in³) C. P						
32.1		+3	+3	+3	9	9/0
-65.2(-39.2)	+4	(-2)	(-2)	(+2)	10	6/4
	4 L, C	5 L	5 L, C	5 L, C, A, B, D	19	15/4
	1.0**	6.2**	0.99**	9.71**	Selección= 2	
Sólidos solubles totales SST (µ 14.3; 15.0 – 18.0 ºBrix) L, C, Pr						
128.0(99.5)	(-3)	+3	(-2)+2		10	5/5
-80.4	+3	+2	+2		7	7/0
	5 L, C	5 L, C, A	5 L, C, A, B		17	12/5
	2.0**	9.3**	0.15**	9.0	Selección= 3	
Acidez titulable (µ 0.59; 0.4 – 0.7 % ácido málico) C. P						
193.2(172.9)	-3	(-3)	+3(+2)		11	5/6
-79.66	+2	+2	+2		6	6/0
	5 C	5 C, A	7 C, A, B		17	11/6
	4.0**	3.0**	0.3**	9.4.	Selección= 2	
Relación azúcar acidez (µ 24.38; 23.0 – 32.0 SST / % ácido málico)						
27.1	+3	+3		+3	9	9/0
-65.6(-44.5)		(-2)	-2(+2)	(+2)	8	4/4
	3	5	4	5	17	13/4
	4.0	4.0	0.5	9.4	Selección= 3	
Contenido de fenoles (µ 525.9; 468.8 – 619.2 µg ácido gálico g⁻¹ p.f.) L, C, Pr						
29.0	+2	+2	+2		6	6/0
-55.3(-40.8)	-2(+2)	-3	(-3)		10	2/8
	6 B, E	5 C, D	5	L	16	8/8
	2.9**	4.2**	0.5**	9.5**	Selección= 3	

TSmédia simples de cada fator;[U] Valores próprios expressos em percentagem da média, os valores entre parênteses correspondem ao segundo valor próprio e respectivos vectores próprios.[V] cada sinal conta a partir do segundo quartil (+2 de 0,375 - 0,624, +3 de 0,625 -0,874, +4 > 0.875, o mesmo para sinais negativos); µ média global, XIntervalo da variável resposta estimada pela regressão,X Frequência observada para essa variável, multiplicada por 15% (-1) da soma total dos valores próprios a considerar; Factores significativos* (0,05 :: Pr :: 0,01), altamente significativos** (Prob < 0,01);Y regressão significativa linear (L), quadrática (C), e interacções entre factores (A, B, D, E). ZFrequência total de autovalores para o conjunto de variáveis, selecionando os fatores cuja soma é igual ou superior a 20% do total de autovetores positivos.

As figuras abaixo mostram as variáveis que foram mais significativas com a contribuição dos catiões.

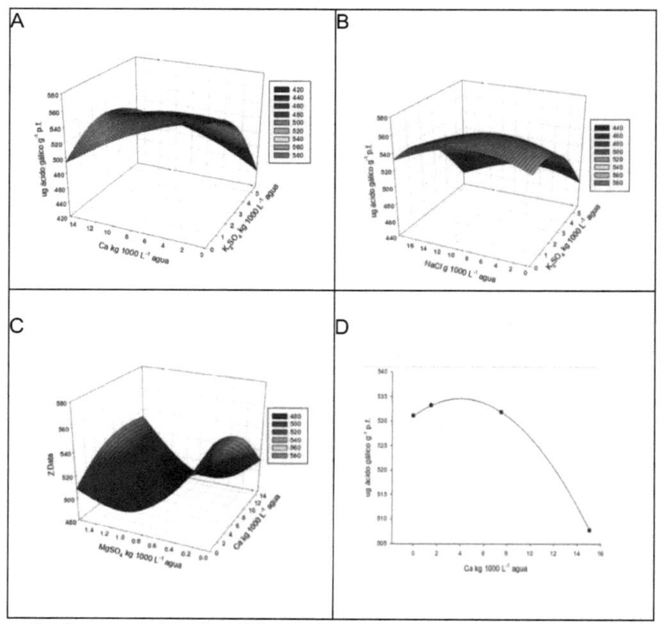

Figura 1. Compostos fenólicos em relação ao equilíbrio catiónico.

A Figura 1 mostra o comportamento dos compostos fenólicos em relação aos catiões. Na secção A, observa-se a interação entre o Ca e o K, onde individualmente ambos os elementos em concentrações elevadas têm um efeito negativo na concentração de TF, neste caso o K produz o maior efeito devido às acções antagónicas entre estes dois elementos, no entanto, aplicações conjuntas de 2-6 kg de Ca e 1-2 de K podem manter o teor de fenóis até 580 g de AG g^{-1} de p.f. Na secção B encontra-se a interação entre o Na e o K, onde as aplicações conjuntas de 1-2 kg de K e 7-12 g Na podem ser mantidas até 580 g AG g-1 p.f., acima destas quantidades, o teor de fenóis totais pode descer até 440 g AG g-1 p.f. O comportamento do Ca individualmente (C) mostra que, à medida que o teor de Ca aumenta na imersão, o TF desce abaixo de 510 g AG g-1 p.f., enquanto que aplicações de 4 kg de Ca dão um máximo de 534 g AG g-1 p.f. Finalmente, a interação entre Mg e Ca mostra um antagonismo entre os elementos. De facto, as aplicações individuais de Mg tendem a ter efeitos negativos sobre os fenóis, mas se forem combinadas com quantidades elevadas de Ca, tendem a conservar as quantidades de fenóis totais, desde que não excedam 10 kg de Ca, mesmo assim, Oviedo et al., (2021), relatam uma média de 434,09 g AG g^{-1} p.f., em maçãs 'Golden Delicious' 13 dias após a colheita, pelo que o nosso trabalho mostra bons resultados. Neste caso, o Ca e o K são importantes no balanço hídrico, o Ca faz parte da membrana celular e é armazenado entre a parede celular e a lâmina intermédia, onde interage com o ácido peptídico para formar pectato de cálcio, proporcionando estabilidade para a sua integridade. Igualmente importante, está envolvido na regulação dos sistemas enzimáticos e da atividade das fitohormonas, aumentando a resistência dos tecidos aos agentes patogénicos, bem como o tempo de conservação pós-colheita e a qualidade nutricional (Yfran et al., 2017). Um trabalho semelhante ao nosso, utilizando diferentes combinações de tratamentos em maçã, encontrou um aumento significativo na firmeza ao combinar os sais $CaCl_2$ (1% e 2%) e $MgCl_2$ (1% e 2%) para manter uma maior firmeza do tecido (Farag e Nagy, 2012).

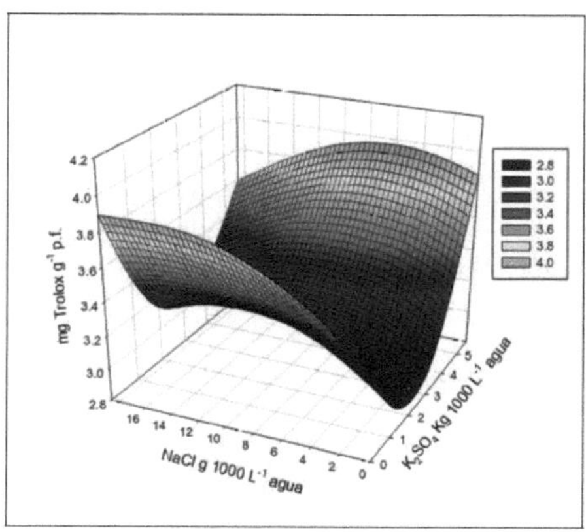

Figura 2. Capacidade antioxidante em relação a Na e K

Na Figura 2 podemos observar a interação entre o sódio e o potássio, onde ambos os elementos aplicados nas suas concentrações máximas tendem a aumentar a capacidade antioxidante (CA), por sua vez, com uma contribuição de 6-8 g de Na e 5 kg de K a CA pode ser aumentada para 4,0 g de Trolox g de p.f., Neste caso, o K, individualmente, tem uma tendência negativa em baixas concentrações, ao contrário do Na, que tende a aumentar a CA. Oviedo et al. 2021, obtiveram 4,59 mg trolox g-1 p.f. com concentrações de 1.320 mM de K, o que é muito semelhante aos dados obtidos neste trabalho.

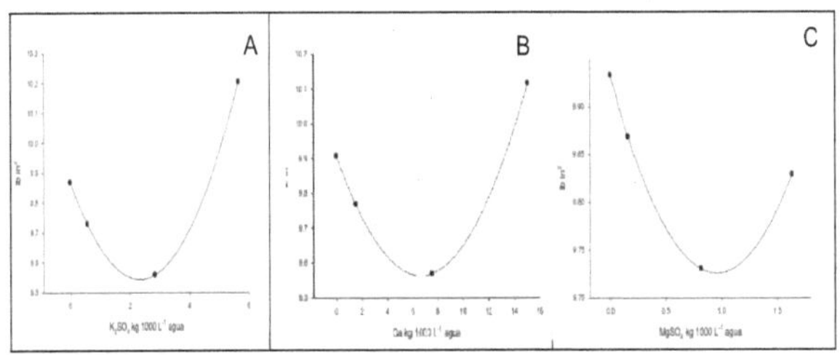

Figura 3. Firmeza em função do equilíbrio catiónico

Para a firmeza (Figura 3), o K e o Ca apresentaram comportamentos semelhantes, onde as entradas máximas tendem a aumentar a firmeza das maçãs, as aplicações de 5-6 kg de K e 12-15 kg de Ca mantêm a firmeza até 10,2 lb em^2 . No caso do Mg, 0-0,2 kg deste nutriente preservou a firmeza acima de 9,85 lb em^2 . Num estudo realizado em pêssego, foi relatado que as imersões em sais de Ca a 62,5 mM mantiveram a firmeza dos frutos durante o armazenamento (Manganaris et al., 2007), por outro lado, um estudo realizado em maçãs 'Golden Delicious' relatou uma média de 10,05 lb em^2 aos 13 dias após a colheita (Oviedo et al., 2021), nosso trabalho conseguiu manter a firmeza em 10,2 lb em^2 após refrigeração por 7 meses.

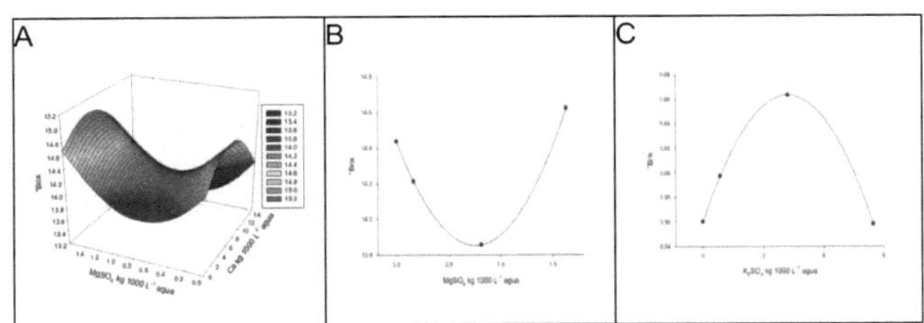

Figura 4. Sólidos solúveis em função do equilíbrio catiónico

No caso do TSS (Figura 4), entradas de 1,5 kg de Mg e 6-8 kg de Ca podem manter a concentração até 15,2 °Brix, neste caso também podemos observar (A) que as entradas médias de ambos os elementos resultarão no menor teor de TSS, como também observamos na secção B. Para K (C), uma entrada de 3 kg pode contribuir para aumentar 0,66 °Brix, Oviedo et al. 2021, mencionam na sua experiência uma média de 13.8 °Brix, enquanto neste trabalho a média foi de 14,3 °Brix, e pode ser devido às diferentes interacções nos tratamentos. No caso da acidez, as interacções entre os catiões são mostradas na Figura 5, a interação sinérgica entre Ca e K (A) para manter o teor de ácido málico, em concentrações de 4-8 kg de Ca e 2-4 K até 0,68% de acidez pode ser mantida. Individualmente, nenhum dos dois elementos promove o teor de ácido málico. Na secção B, uma percentagem máxima de 0,61% é observada com um máximo de 4 kg de Ca, e acima desta quantidade, a acidez diminui. Na secção C, a interação entre Mg e K observa-se novamente com um máximo de 0,61%. sinergismo, onde contribuições de 2-4 kg de k e 0,2-1,4 kg de mg podem obter uma acidez de até 0,66%, um comportamento que não pode ser observado individualmente. Para a interação entre o Mg e o Ca (C), verifica-se um comportamento linear, em que a aplicação conjunta só desce até 0,58% e a acidez mais elevada é obtida com as entradas mais baixas de cálcio e mais altas de Mg, obtendo-se 0,62%. Finalmente, observa-se o comportamento individual do Mg (E); a incorporação de 1,5 kg de Mg na imersão mantém a acidez até 0,59%. Guerra et al (2011), em seu experimento pós-colheita com maçãs tratadas em imersão com $CaCl_2$ a uma concentração de 2%, por 30 s, após 60 dias de armazenamento a frio, serviu para reter a acidez da fruta até 120 dias de armazenamento, o que concorda com nosso experimento.

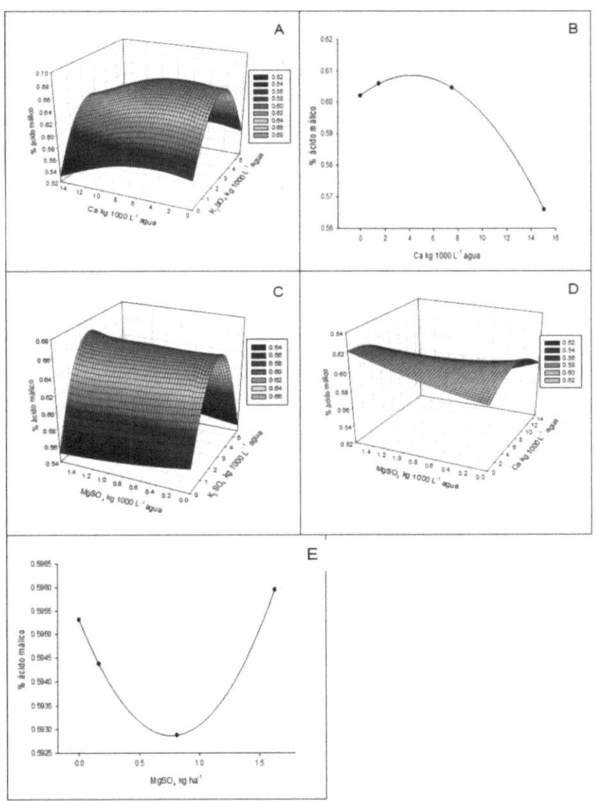

Figura 5. Percentagem de acidez em função do equilíbrio catiónico

CONCLUSÕES

O efeito positivo da imersão em soluções catiónicas nas maçãs 'Golden Delicious' teve um efeito pós-colheita positivo com uma dose de $MgSO_4$ [1,0] > $K_2 SO_4$ [1,0] > $CaSO_4$ [6,2] kg 1000 L de água^{-1} , no entanto, o $NaCl_2$ não apresentou resultados relevantes na experiência, pois não teve influência nos parâmetros avaliados. No trabalho, o Mg foi o catião que apresentou maior influência, seguido do K e por fim do Ca. Ao contrário do que se acredita que apenas o Ca é indispensável para manter a qualidade dos frutos, existem mais elementos que participam do processo. Observou-se que todas as variáveis apresentaram uma resposta aos tratamentos, primeiro a cor, seguida da firmeza, o que mostra que, apesar do tempo que o fruto é submetido à refrigeração, não há grande perda de peso, enquanto a relação açúcar-acidez (SST / % ácido málico) é mantida em intervalos óptimos, uma qualidade que torna o fruto aceitável para o consumidor. Por último, o teor de fenóis e a capacidade antioxidante reflectem a influência que o equilíbrio dos catiões tem sobre eles, uma vez que, dependendo da dosagem, são apresentados aumentos ou diminuições de ambos, melhorando a contribuição dos compostos bioactivos do fruto. A necessidade de desenvolver métodos comercialmente aceitáveis para manter a vida pós-colheita dos frutos levou ao desenvolvimento de diferentes tecnologias, de modo a que a imersão de frutos em soluções catiónicas possa ser uma alternativa funcional para a preservação de frutos em câmaras frigoríficas durante longos períodos de tempo, a fim de aumentar a vida útil das maçãs.

LITERATURA CITADA

Aguilar C., Barrameda Y., Montesinos B., Romero T., Soriano J. M. (2012). Efeito da biofortificação com potássio na pós-colheita do tomate cereja: implicação de alguns fenóis. nutriplanta.

Almeselmani M., Pant R. C., Shing B. (2010). Nível de potássio e resposta fisiológica e qualidade do fruto em tomate cultivado em hidroponia. janeiro, International Journal of Vegetable Science.

Arellano J. (2021). Caracterização de variedades autóctones de maçã para determinar o seu valor acrescentado para consumo em fresco. academica- e.unavarra.es.

Armstrong M. J. e Kirkby E. A. (1979). A influência da humidade na composição mineral das plantas de tomate, com especial referência à distribuição de Ca. Plant and Soil. 52: 427-435.

Asale V. Dessalegn E. Assefa D. Abdisa M. (2021). Fitoquímicos e atividade antioxidante de diferentes cultivares de maçã cultivadas no sul da Etiópia: caso da zona de wolayta. Páginas 354-363.

Bai J., Hagenmaier R. D., Baldwin E. A. (2002). Resposta volátil de quatro variedades de maçã com diferentes revestimentos durante a comercialização à temperatura ambiente. Journal of Agricultural and Food Chemistry, 50, 7660-7668.

Barraquilla, A. (2005) A macieira. Biologia: http://encina.pntic.mec.es/~esarment/biologia/imagenes/Manzanweb.pdf

Barrôs M. (2016). Orientação técnica para o cultivo da macieira. Universidade de Santiago de Compostela. Santiago: LEADER.

Ben J. (1998). Estimativa da qualidade de armazenamento da maçã com base na análise dos frutos. Int Sem: Aspectos Ecológicos da Nutrição e Alternativas aos Herbicidas em Horticultura. Warszawa, Polónia, pp: 7-8.

Biskup S., éosié T., Pecina M., Miljkovié M. (2003). Utjecaj folijarne gnojidbe kalcijem na njegov sadrzaj u plodu jabuke (Efeito da pulverização de cálcio no cone de cálcio em frutos de maçã). Pomologia Croatica: Glasilo.

Blackhall V. Curetti M, Colavita G. (2018). Deficiência de magnésio em macieiras. Revista F&D N° 81 - 1°. INTA. https://inta.gob.ar/documentos/deficiencia-de- magnesium-in-apple tree.

Boonterm C. W., Silapapun A., Boonkerd N. (2010). Efeitos do azoto, do fertilizante de potássio e dos cachos por videira no rendimento e no teor de antocianina da uva Cabernet Sauvignon, Suranaree. Journal of Science and Technology, Peshawar, v.17, p.155-163, 2010.

Calvo G. (2002). Efeito do 1-metilciclopropeno (1-MCP) no CV. Maçãs Red delicious colhidas em três estádios de maturação e conservadas em frio convencional e atmosfera controlada RIA. Revista de Investigação Agropecuarias, vol. 31, núm. 3, dezembro, pp. 9-24. Instituto Nacional de Tecnologfa Agropecuaria Buenos Aires, Argentina

Candan A. P. e Calvo G. (2017). Atmosferas dinâmicas controladas: uma alternativa para o controlo do escaldão superficial em peras. RIA, 42, 291-299.

Castillo, J. (2018). Chihuahua cheira a maçãs. El Souvenir, pp. https://elsouvenir.com/chihuahua-huele-a-manzana/.

Cepeda I. Saucedo C. Colinas M. T. e Rodrfguez J. (2014). Avaliação de tratamentos pré e pós-colheita com cacl2 no armazenamento a frio e na qualidade da maçã golden Delicious. Colegio de Postgraduados Pregep-fruticultura.

Conway W. e Sams E. (1995). Relação entre o cálcio total e o cálcio ligado à parede celular em maçãs após infiltração pós-colheita de cloreto de cálcio sob pressão. Ata Horticulturae 398, pp 31-39.

Corona L. S., Hernandez D., Meza O. (2020). Analisis de parametros fisicoqufmicos, compuestos fenôlicos y capacidad antioxidante en piel, pulpa y fruto entero de cinco cultivares de manzana (malus domestica) cosechadas en México. Instituto Politécnico Nacional. Escuela Nacional de Ciencias Biolôgicas- Zacatenco. Instituto Politécnico Nacional, Escuela Nacional de Ciencias Biolôgicas-Santo Tomas.

Cortés, E. C. (2019). Manual manejo de manzano. Facultad de Agronomfa de la Universidad Nacional (sede Medellfn), pp2.

Falcão J (2016). Novas tendências para o tratamento do caroço amargo da maçã: Reineta, um caso de estudo. Departamento de Nutriciôn Vegetal Estaciôn Experimental de Aula Dei Consejo Superior de Investigaciones Cientfficas (CSIC).

FAO. (2010). Fertilizantes e sua utilização. Parfs: IFA. Recuperado de http://www.fao.org/3/a-x4781s.pdf

Ferguson B. e Watkins B. C. (2003). Distribuição e equilíbrio de catiões em frutos de maçã em relação a tratamentos com cálcio para o bitter pit. Scientia Horticulturae.
https://www.sciencedirect.com/science/article/abs/pii/030442388390078X

Fernandez D. Bautista S. Ocampo A. Garcfa A. Falcôn A. Rodrfguez V. (2015) Películas e revestimentos comestíveis: uma alternativa favorável na conservação pós-colheita de frutas e vegetais. Revista Ciencias Técnicas Agropecuarias. Universidad Agraria de La Habana, Facultad de Ciencias Técnicas, San José de las Lajas, Mayabeque, Cuba. Instituto Politécnico Nacional-Centro de Desarrollo de Productos Biôticos, Yautepec, Morelos, México. Instituto Politécnico Nacional, Escuela Superior de Ingenierfa Mecanica y Eléctrica, Unidad Zacatenco Secciôn de Estudios de Posgrado e Investigaciôn, Cidade do México, México. Instituto Nacional de Ciencias Agrfcolas (INCA), Departamento de Fisiologfa y Bioqufmica Vegetal, San José de las Lajas, Mayabeque, Cuba.

Figueroa G. (2003). Otimização de uma superfície de resposta utilizando Jmp In. Mosaicos Matemáticos No. 11. Departamento de Matematicas Universidad de Sonora.

Flores M. A., Soto J. M., Salas A., Sanchez E., Pifia F.J. (2018). Efeito do subproduto industrial $CaCO_3$ nos atributos de qualidade, conteúdo fenólico e capacidade antioxidante das maçãs cvs Golden Delicious e Top Red. Nova scientia Departamento de Nutriciôn Vegetal, Universidad Autonôma de Chihuahua. Tecnologia de Alimentos e Produtos Lácteos, Centro de Investigação em Alimentação e Desenvolvimento A.C., Unidade Delicias. https://doi.org/10.21640/ns.v10i20.1190

Freitas S e Mitcham E (2012). Fatores envolvidos nos distúrbios por deficiência de cálcio em frutas.
Hortic Rev 40: 107-146. http://dx.doi.org/10.1002/9781118351871.ch3

Galvis J. A., Arjona H., Fischer G. (2003). Efeitos da aplicação de soluções de cloreto de cálcio (CaCl2) no tempo de armazenamento e na qualidade dos frutos da manga (Mangifera indica L.) variedade Van Dyke. Agronomfa Colombiana, vol. 21, núm. 3, pp. 190-197.

Garate M . (2014).   "Produção de maçã.   Pp 1-82.
http://saludpublica.bvsp.org.bo/cc/bo40.1/documentos/704.pdf.

Gomila, T. (2016). Novas ferramentas para a otimização da pós-colheita na região. Revista Fruticultura & Diversificaciôn.

Guerra M., Marcelo V., Valenciano J. B., Casquero PA. (2011). Efeito de tratamentos orgânicos com carbonato de cálcio e bioativador na qualidade de cultivares de maçã 'Reinette'. Sci Hortic129 (2): 171-175. http://dx.doi.org/10.1016/j.scienta.2011.03.013

Guo W., Nazimc H., Liang Z., Yangab D. (2016). Deficiência de magnésio nas plantas: Um problema urgente. The Crop Journal. Volume 4, Issue 2, pp. 83-9.
https://www.sciencedirect.com/science/article/pii/S221451411500121X

Gutierrez A. C., Soto J.M., Sanchez E., Yanez R. M., Flores B. (2014). Fertilização de macronutrientes em macieiras: rendimento e teor de micronutrientes foliares. Revista biolôgico agropecuaria Tuxpan.

Hermans C., Conn S. J., Chen J., Xiao Q., Verbruggen N. (2013). Uma atualização sobre os mecanismos de homeostase do magnésio em plantas Metallomics, pp. 1170-1183.

Hernandez E. (2010). Nutrição do pimentão (capsicum annuum l. cv. darsena) em função da relação no_3 / nh_4 e da concentração de K na solução nutritiva em condições de estufa. Centro De Investigacion En Qufmica Aplicada.

Jackson D. e J. Palmer (1999). Produção de frutos de clima temperado e subtropical. Frutas de pomóideas. pp. 189-202. In: 2nd ed. CABI Publishing, Wallingford, Reino Unido.

Javaga A., Sapper M., Martfn M., Gonzalez C. (2019). Efeito da aplicação de revestimentos à base de biopolímeros e carvacrol na qualidade pós-colheita de maçãs

https://riunet.upv.es/bitstream/handle/10251/124751/J%C3%A1vaga%20-%20Efecto%20de%20la%20aplicaci%C3%B3n%20de%20recubrimientos%20a%20base%20de%20biopol%C3%ADmeros%20y%20carvacrol%20sobre%20la%20ca pdf?sequence=1&isAllowed=y

Joubert J., Lotze E., Theron K. I. (2008). Avaliação das aplicações foliares de cálcio antes da colheita para aumentar o cálcio nos frutos e reduzir o bitter pit em maçãs 'Golden Delicious'. Sci Hortic 116 (3): 299-304.
http://dx.doi.org/10.1016/j.scienta.2008.01.006

Kant S., e Kafkafi U. (2018). Absorção de potássio pelas culturas em diferentes estágios fisiológicos. Universidade de Jerusalém, V, 38. Recuperado de https://www.ipipotash.org/uploads/udocs/Sesion V.pdf

Karim M. (2012). Efeito dos compostos de cálcio e magnésio pré e pós-colheita e seus tratamentos combinados na qualidade e vida útil da maçã "Anna". Journal of Horticultural Science & Ornamental Plants 4 (2): 155- 168.

Koch M., Busse M., Naumann M., Jakli B., Smit I., Cakmak I., Hermans C., Pawelzik
E. (2019). Efeitos diferenciais da nutrição variada de potássio e magnésio na produção e partição de fotoassimilados em plantas de batata Physiol. Plant.,166, pp. 921-935.

Krishkov E. (2007). Factores que influenciam a incidência de bitter pit em frutos de maçã e medidas de controlo. Proc Agric Sci XL (2): 22-26.

Kumar R., Khurana A., Sharma A. K. (2014). Papel das hormonas vegetais e sua interação no desenvolvimento e amadurecimento de frutos carnudos. Journal of Experimental Botany, 65, 4561-4575.

Kupaeva N. e Kotenkova E. (2016). Procura de fontes alternativas de antioxidantes naturais de plantas para a indústria alimentar. Centro Federal de Investigação Gorbatov para Sistemas Alimentares da Academia Russa de Ciências, Moscovo, Rússia. Universidade Dmitry Mendeleev de Tecnologia Química da Rússia, Moscovo, Rússia.

Kyanko M. V., Russo M., Fernandez M., Pose G. (2010) Eficácia do ácido peracético na redução da carga de esporos de bolores podres pós-colheita de frutas e legumes. Universidade Nacional de Quilmes, Argentina.

Leôn G. (2016). Sistemas de produção vegetal https://www.uaeh.edu.mx/investigacion/productos/4781/sistemas_de_pro ducci on_vegetal_2.pdf

Lester G., John L., Donald J., Makus D. (2010). Impacto da nutrição potássica na qualidade dos frutos pós-colheita: Estudo de caso do melão (Cucumis melo L). Plant Soil. DOI 10.1007/s11104-009-0227-3

Liu H. e Han Z. (1997). Nutrição mineral da maçã. J Fruit Sci14 (z1): 73-78.

Lopez C., Botia M., Alcaraz C. F., Riquelme F. (2003). Efeitos de pulverizações foliares contendo cálcio, magnésio e titânio na qualidade dos frutos da ameixa (Prunus domestica L). Journal of Plant Physiology 160, 1441-1446.

Lopez, M. (2005). Caracterização nutricional e qualidade das maçãs "Red Delicious" e "Golden Delicious" de dois países produtores. Chihuahua: Universidade Autónoma de Chihuahua.

Mancera M. M., Soto J. M., Sanchez E., Yafiez R. M., Montes F., Balandran R. (2007). Caracterização mineral de maçãs "Red Delicious" e "Golden Delicious" de dois países produtores. TECNOCIENCIA Chihuahua, 1(2), 6-17. https://doi.org/10.54167/tecnociencia.v1i2.42

Martinoia E., Massonneau A., Frangne N. (2000). Processos de transporte de solutos através da membrana vacuolar de plantas superiores. Plant and Cell Physiology 41, 1175- 1186.

Monge E., Val J., Saenz M., Blanco A., Montafiez L. (1994). O cálcio como nutriente vegetal. Bitter pit em macieiras. Departamento de Nutrição Vegetal (E.M., J.V., M.S., L.M.) e Departamento de Pomologia (A.B.), Estación Experimental de Aula Dei (C.S.I.C.).

Morales, M. (1999). In Variedades y calidad de las manzanas de Aragon (p. p.). 70). Zaragoza: Apeph.

Musacchi S. e Serra S. (2018). Qualidade da fruta da maçã: visão geral dos fatores pré-colheita. Departamento de Horticultura, Centro de Extensão de Pesquisa e Frutas de Árvores (TFREC), Universidade Estadual de Washington, 1100 N. Western Avenue, Wenatchee, WA 98801, EUA.

Ornelas J. J., Quintana B., Escalante P., Hernandez J., Pérez J., Rios C., Ruiz S. (2018). Relação entre a firmeza entre maçãs Golden Delicious e as características físico-químicas dos frutos e sua pectina durante o desenvolvimento e amadurecimento. J Food Sci Technol. Jan; 55(1): 33-41.

Oviedo J. C., Soto J. M., Sanchez E, Yafiez R. M., Pérez R., Noperi L. C. (2021). Ácido salicílico e imersão em nutrientes para manter a qualidade da maçã e compostos bioativos na pós-colheita 49(3).

https://doi.org/10.15835/nbha49312409

Palomo I., Yuri J. A., Carrasco R., Quilodran A., Neira A., (2010) El Consumo De Manzanas Contribuye A Prevenir El Desarrollo De Enfermedades Cardiovasculares Y Cancer: Antecedentes Epidemiolôgicos Y Mecanismos De Acción. Revista Chilena de Nutriciôn, vol. 37, nüm. 3. pp. 377-385 Sociedad Chilena de Nutriciôn, Bromatologfa y Toxicologfa Santiago, Chile.

Pavicié N. (1993). Previsão da ocorrência da desordem fisiológica bitter pit em frutos de maçãs Golden Delicious e Idared. Agronomski Glasnik 52: 419-425.

Ponce O., Soto J. M., Noperi L., Alvarez A. Ochoa J., Holgufn F. (2020). Produção e qualidade da maçã Golden Delicious por efeito da fertilização com macronutrientes. Instituto del Nacional de Investigaciones Forestales, Agrfcolas y Pecuarias (INIFAP). Campo Experimental La Campana. Aldama, Chihuahua, México. Universidade Autónoma de Chihuahua. Faculdade de Ciências Agrotecnológicas.

Porro D., Ceschini A., Pantezzi T. (2006). A importância do serviço de aconselhamento na previsão do "bitter pit" através da análise de frutos no início da época. Ata Hort 721: 273-277. http://dx.doi.org/10.17660/ActaHortic.2006.721.37.

Posadas M., Lôpez P. A., Gutiérrez N., Dfaz R. e Ibafiez A. (2018). Diversidade fenotípica da maçã em Zacatlan, Puebla, México é ampla e é dada principalmente por características de frutas Breni. Scielo 2018).

Raffo D. (2000). Aplicações de cálcio e qualidade dos frutos. Revista Espafiola INTA 1: 10-15.

Ramfrez J. M., Galvis J. A., Fischer G. (2005). Amadurecimento pós-colheita de feijoa (Acca sellowiana Berg) tratada com $CaCl_2$ em três temperaturas de armazenamento. Agron. colomb. vol.23 no.1 Bogotá Jan.

Ruales P. (2019). Determinação da capacidade de troca catiônica do solo e sua correlação com o teor de cátions trocáveis de plantas do gênero Siparuna. http://dspace.utpl.edu.ec/handle/20.500.11962/24597.

Santos T., Aguilar A., Manjarrez D. (1999). Adubação foliar, um suporte importante para o rendimento das culturas. Sociedade Mexicana de Ciência do Solo,
A.C. Chapingo, México, vol. 17 núm. 3 pp. 247- 255.
https://www.redalyc.org/pdf/573/57317309.pdf

Saure M. (1996). Reavaliação do papel do cálcio no desenvolvimento do "bitter pit" da macieira. Funct Plant Biol, 23(3),237-243.
http://dx.doi.org/10.1071/pp9960237.

Sanchez E. e Curetti M. (2021). Fruticultura Nutriciôn De Las Plantas Zona Templada, Suelo y Aplicaciôn Abonos. Ediciones INTA, Estación Experimental Agropecuaria Alto Valle. Nutrição mineral das árvores de fruto de clima temperado.

Serrano M., Martfnez D., Castillo S., Guillén F., Valero D. (2004). Efeito de pulverizações pré-colheita contendo cálcio, magnésio e titânio na qualidade de pêssegos e nectarinas na colheita e durante o armazenamento pós-colheita. Journal of the Science of Food and Agriculture 84, 1270-1276.

Shen Ch., Shia X., Xiea Ch., LiaHan Y., Xinlan Y., Yangchun M., Caixia D. (2019). A mudança na microestrutura de pecíolos e pedúnculos e a expressão do gene transportador pelo potássio influencia a distribuição de nutrientes e açúcares nas folhas e frutos da pera. Jornal de Fisiologia Vegetal Volume 232, janeiro de 2019, páginas 320-333

Soto J. M, Pifia M, Pifia F. J, Sanchez E, Pérez R. e Basurto M. (2007). Fertirrigação com macronutrientes em macieiras 'Golden Delicious': impacto no rendimento e na qualidade dos frutos. redalyc.org/pdf/2033/203345704010.pdf

Tagliavini M., Brunetto G., Wellington J., Bastos De Melo M., Maurizio T., Quartieri (2015). O papel da nutrição mineral na produtividade e qualidade dos frutos em videira, pereira e macieira Bras. Frutic. 37. https://doi.org/10.1590/0100-2945-103/15

Tarrillo L. (2017). "Disefio de un prototipo de un secador homogéneo de frutas utilizando flujo controlado de aire caliente". Tese de licenciatura, Universidad Catôlica Santo Toribio de Mogrovejo.

Torres N. G., Soto J. M., Sanchez E., Noperi L. C., Yafiez R. M., Pérez R. (2022). Comparação entre a qualidade e os compostos bioactivos da romã de duas zonas de produção. Notulae Scientia Biologicae, 14(2), 11267-11267.

Tovar B., Mata M., Garcfa H. S., Montalvo E. (2011). Efeito de emulsões de cera e 1-metilciclopropeno na preservação pós-colheita da Guanabana. Revista Chapingo Serie Horticultura.

Trainotti L., Tadiello A., Casadoro G. (2007). O envolvimento da auxina no amadurecimento dos frutos climatéricos atinge a maioridade: a hormona desempenha um papel próprio e tem uma interação intensa com o etileno no amadurecimento dos pêssegos. Journal of Experimental Botany, 58, 3299-3308.

Valdivezo I. (2018). "Aplicação pós-colheita de cloreto de cálcio em frutos de maçã (Malus x domestica Borkh) cv. ANNA" Estação Experimental Aula Dei. Dei EEAD CSIC.http://repositorio.lamolina.edu.pe/bitstream/handle/20.500.12996/34 77/ valdiviezo-aliaga-ivan-abel.pdf?sequence=3

Valdivezo J. (2017). Cálcio, determinante no desempenho pós-colheita de frutas de caroço e pomóideas. Estaciôn Experimental de Aula Dei EEAD – CSIC. https://digital.csic.es/bitstream/10261/165239/1/ValJ_%20I-EncuentrPoscosech-1_2017.pdf

White M. e Broadley R. (2009). Biofortificação de culturas com sete elementos minerais frequentemente em falta nas dietas humanas: ferro, zinco, cobre, cálcio, magnésio, selénio e iodo. New Phytol, 182, pp. 49-84.

Xie K., Cakmakc I., Wanga S., Zhang F., Shiwei G. (2021). Interações sinérgicas e antagônicas entre potássio e magnésio em plantas superiores The Crop Journal Volume 9, Páginas 249-256. https://doi.org/10.1016/j.cj.2020.10.005

Zaera, P. (2008). Avaliação da qualidade dos frutos em macieiras. Recuperado de http://digital.csic.es/bitstream/10261/18601/1/Proyecto%20Pilar%20Dolz.pdf

Zavalloni C., Marangoni M., Scudellari D., Tagliavini M. (2001). Dinâmica da absorção de cálcio, potássio e magnésio em frutos de maçã num pomar de alta densidade de plantação. Proc. 5° Intl. Symp. Mineral Nutrition of Deciduous Fruit Crops. Penticton Canadá.

Printed by Books on Demand GmbH, Norderstedt / Germany